公路施工安全教育系列丛书——工种安全操作
本书为《公路施工安全视频教程》配套用书

U0891760

压路机操作工
安全操作手册

广 东 省 交 通 运 输 厅 组织编写
广东省南粤交通投资建设有限公司
中 铁 隧 道 局 集 团 有 限 公 司 主 编

人民交通出版社股份有限公司
China Communications Press Co.,Ltd.

内 容 提 要

本书是《公路施工安全教育系列丛书——工种安全操作》中的一本，是《公路施工安全视频教程》（第五册　工种安全操作）的配套用书。本书主要介绍压路机操作工安全作业的相关内容，包括：压路机操作工简介，压路机操作工的职责及操作安全风险，压路机操作工基本要求，压路机操作安全要求，压路机检修维护安全要求等。

本书可供压路机操作工使用，也可作为相关人员安全学习的参考资料。

图书在版编目（CIP）数据

压路机操作工安全操作手册/广东省交通运输厅组织编写；广东省南粤交通投资建设有限公司，中铁隧道局集团有限公司主编. — 北京：人民交通出版社股份有限公司，2018.12

ISBN 978-7-114-15048-7

Ⅰ. ①压…　Ⅱ. ①广… ②广… ③中…　Ⅲ. ①压路机—操作—技术手册　Ⅳ. ①TU661-62

中国版本图书馆 CIP 数据核字（2018）第 225945 号

Yaluji Caozuogong Anquan Caozuo Shouce

书　　名： 压路机操作工安全操作手册
著 作 者： 广东省交通运输厅组织编写
广东省南粤交通投资建设有限公司　中铁隧道局集团有限公司主编
责任编辑： 韩亚楠
责任校对： 宿秀英
责任印制： 张　凯
出版发行： 人民交通出版社股份有限公司
地　　址： （100011）北京市朝阳区安定门外外馆斜街 3 号
网　　址： http://www.ccpcl.com.cn
销售电话： （010）59757973
总 经 销： 人民交通出版社股份有限公司发行部
经　　销： 各地新华书店
印　　刷： 北京建宏印刷有限公司
开　　本： 880 × 1230　1/32
印　　张： 1.125
字　　数： 31 千
版　　次： 2018 年 12 月　第 1 版
印　　次： 2023 年 5 月　第 3 次印刷
书　　号： ISBN 978-7-114-15048-7
定　　价： 15.00 元
（有印刷、装订质量问题的图书由本公司负责调换）

编委会名单

EDITORIAL BOARD

致工友们的一封信

LETTER

亲爱的工友：

你们好！

为了祖国的交通基础设施建设，你们离开温馨的家园，甚至不远千里来到施工现场，用自己的智慧和汗水将一条条道路、一座座桥梁、一处处隧道从设计蓝图变成了实体工程。你们通过辛勤劳动为祖国修路架桥，为交通强国、民族复兴做出了自己的贡献，同时也用双手为自己创造了美好的生活。在此，衷心感谢你们！

交通建设行业是国家基础性和先导性行业，也是安全生产的高危行业。由于安全意识不够、安全知识不足、防护措施不到位和违章操作等原因，安全事故仍时有发生，令人非常痛心！从事工程施工一线建设，你们的安全牵动着家人的心，牵动着广大交通人的心，更牵动着党中央及各级党委、政府的心。为让工友们增强安全意识，提高安全技能，规范安全操作，降低安全风险，保证生产安全，我们组织开发制作了以动画和视频为主要展现形式的《公路施工安全视频教程》（第五册　工种安全操作），并同步编写了配套的《公路施工安全教育系列丛书——工种安全操作》口袋书。全套视频教程和配套用书梳理、提炼了工种操作与安全生产相关的核心知识和现场安全操作要点，易学易懂，使工友们能知原理、会工艺、懂操作，在工作中做到保护好自己和他人不受伤害。

请工友们珍爱生命，安全生产；祝福你们身体健康，工作愉快，家庭幸福！

广东省交通运输厅

二〇一八年十月

目录

CONTENTS

1 PART 压路机操作工简介

1.1 压路机操作工的定义

压路机操作工是操作压路机,进行各种压实作业的专业人员。

压路机操作工应取得人力资源和社会保障部门核发的岗位职业资格证书。

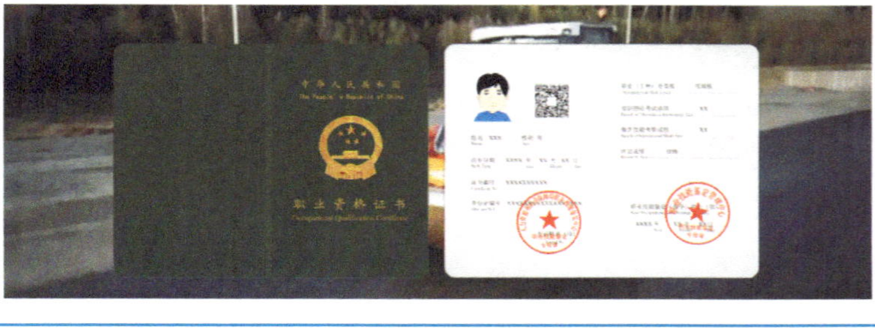

1.2 压路机基本结构和类型

压路机是一种利用机械自重、振动等方法，对碾压物重复加载，提高其密实度、强度、承载能力等的工程机械。

压路机广泛用于路基、机场跑道等建筑物基础回填工程的压实。

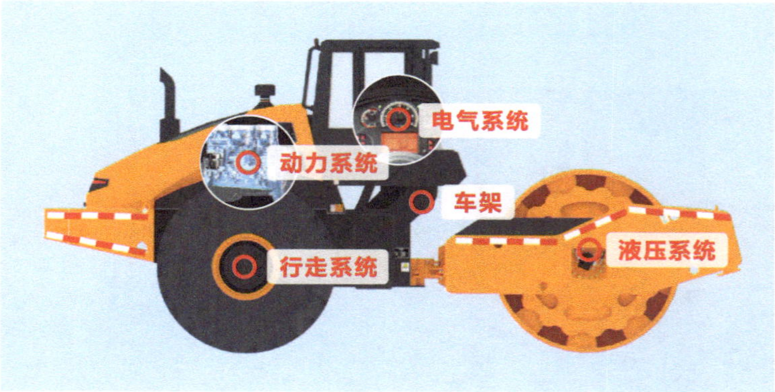

压路机的分类表		
序号	分 类 依 据	压路机名称
1	压实轮结构	光轮式、凸块(羊脚碾)式和轮胎式
2	压实原理	静压式、振动式和冲击式
3	行走方式	自行式、拖式和手扶式
4	工作质量范围	轻型、中型、重型和超重型

压路机按压实轮结构可分为：光轮式、凸块(羊脚碾)式和轮胎式。

光轮式压路机

凸块(羊脚碾)式压路机

轮胎式压路机

压路机按压实原理可分为：静压式、振动式和冲击式。

静压式压路机

振动式压路机

冲击式压路机

压路机按行走方式可分为：自行式、拖式和手扶式。

自行式压路机

手扶式压路机

拖式压路机

压路机按工作质量范围可分为：轻型、中型、重型和超重型。

按工作质量分类		
压路机型式	工作质量	应用范围
轻型	≤4.5t	压实人行道和修补黑色路面，路基和路面的初步压实
中型	5～8t	路基和路面的中间压实及简易路面的最终压实
重型	10～14t	砾石和碎石路基及沥青混凝土路面的最终压实
超重型	≥16t	公路、水坝、机场等大面积基础回填

压路机使用时应根据碾压物料种类合理选择，以达到最佳效果。

压路机形式选择参考表

压路机形式 碾压物料种类	黏土	砂土	砾石土	混合土	碎石	块石	干硬性混凝土	沥青混凝土
单钢轮静压式	红	黄	绿	绿	黄	红	绿	黄
单钢轮振动式	黄	红	绿	绿	绿	绿	绿	黄
双钢轮振动式	黄	红	绿	绿	绿	绿	绿	绿
轮胎式	黄	黄	绿	绿	红	红	绿	绿
凸块式	绿	红	黄	黄	红	红	红	红
冲击式	绿	红	黄	黄	绿	绿	红	红

注：绿色 ；黄色 ；红色 ；——最佳适用；——无其他机器时可代用；——不适用。

2 PART 压路机操作工的职责及操作安全风险

2.1 压路机操作工的主要职责

熟练掌握压路机安全操作规程并严格遵守，做到“三知四会”（知结构原理、知技术性能、知安全装置的作用；会操作、会维护、会日常检修、会排除一般故障）。

严格执行安全管理规章制度和安全技术交底，不违章作业，不擅离操作岗位。

熟悉压路机各部件性能，做好设备的日常维护、检修工作，并认真填写《机械设备日常维护记录》。

操作过程中服从作业人员正确指挥，对违章指挥、强令冒险作业有权拒绝。

2.2 操作安全风险

压路机操作主要安全风险有:车辆伤害、倾覆、职业病(振动病、尘肺病)。

压路机碾压行驶速度宜控制在 3～4km/h,在一个碾压行程中不得变速。

3 PART 压路机操作工基本要求

年龄

年满18周岁

身体

定点医院体检合格，无色盲，视力及听力障碍等

入场

岗前安全教育培训完成，考核合格，接受安全技术交底

职业资格

取得劳动和社会保障部门核发的岗位职业资格证书，持证上岗

个人防护

规范佩戴安全帽、反光工作服等，不得穿戴过于宽松的衣服及饰品

作业要求

严格按定人、定机、定岗位职责的"三定"原则作业

禁止事项

❗ 严禁将设备用于牵引、载人等设计性能以外的用途

应按规定佩戴安全帽、防尘口罩（路基碾压等高粉尘环境下）、防滑鞋，穿反光背心，衣服袖口、下摆及裤脚等应扎紧。

❗禁止穿拖鞋、短裤操作压路机，不得穿戴过于宽松的衣物，操作机械时禁止使用耳机。

4 PART 压路机操作安全要求

4.1 作业前安全要求

(1)了解当班作业内容、所处环境及相关安全防范措施。

(2)检查压路机外观是否正常,有无漏水、漏油、松动、裂纹等现象。

(3)轮胎式压路机应检查轮胎气压,并将胎压调整至安全范围,两侧胎压应一致。

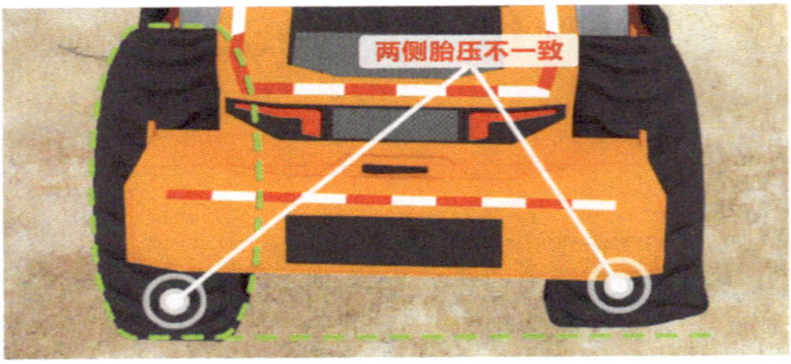

国内常用轮胎式压路机技术参数							
基本参数 \ 机型	柳工 6200	徐工 XS223JE	龙工 LG522A	厦工 XG6204M	山推 SR22M	三一 SSR260	卡特 GS76XT
额定功率(kW)	128	136	136/2000	125/2100	136/2000	174	130
最小转弯半径(mm)	6500	6500	6300	6500	6100	12000	3660
振动时理论爬坡能力(%)	30	30	30	25	30	43	30
振动轮宽度(mm)	2130	2130	2140	2130	2140	2170	2134
振幅(mm)	2.0/1.0	1.86/1.93	1.9/0.9	2.0/1.2	1.8/0.9	2.05/1.03	1.8
振频率(Hz)	30/32	28/33	28	28	28/32	27/31	30
轮胎充气压力(MPa)	0.3 ± 0.02	0.32 ~ 0.38	0.28 ~ 0.3	0.3 ± 0.02	0.32 ~ 0.38	0.32 ~ 0.38	0.3 ~ 0.4

(4)起动前将各操纵杆置于“驻车挡”位置,确认周边环境安全后,方可起动。

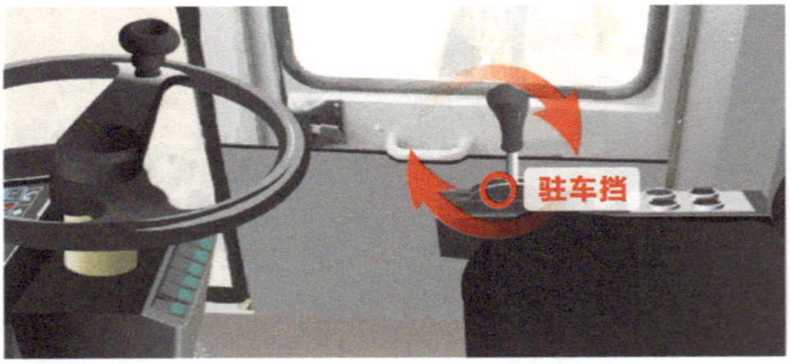

（5）设备起动后须进行试运转，确认照明、制动、转向等工作机构正常。

（6）不得用牵引法强制起动发动机。

4.2 作业中安全要求

4.2.1 作业中观察

(1)加强观察和瞭望,与沟槽、堤岸、障碍物等保持足够的安全距离。

(2)随时关注各仪表状态和设备运转状况,发现异常,及时处理,严禁“带病”作业。

4.2.2　操作要求

振动式压路机应先调好振动频率后再作业，应先起步，后起振（碾压松软路基时，应先在不振动情况下碾压1～2遍，然后再振动碾压）；停机时应先停振，后停机。

压路机碾压行驶速度宜控制在3～4km/h，在一个碾压行程中不得变速。

路堤碾压时,距路基边缘不应小于 0. 5m;坑边道路碾压时,应由内侧向外侧碾压,距路基边缘不应小于 1m。

4.2.3　特殊环境要求

坡道作业时，应事先选好挡位，不得中途换挡，禁止在斜坡上横向行驶或停留（以免发生机体倾覆）；下坡时严禁空挡滑行。

视线不良或夜间施工时开启工作灯，保证充足的照明。

两台以上压路机同时作业，前后间距不应小于3m，坡道上不应纵队行驶。

最大允许振动速度值（在建筑物基础内测得）	
建筑物类型	允许最大振动速度（mm/s）
废旧及古老纪念碑	2
具有炭泥墙和天花板的标准住宅建筑	5
标准住宅	10
混凝土建筑物及工业建筑物	10～40

4.3 作业后安全要求

4.3.1 停机要求

将各手柄置于“空挡”,拔掉钥匙关闭门窗后,方可离开。

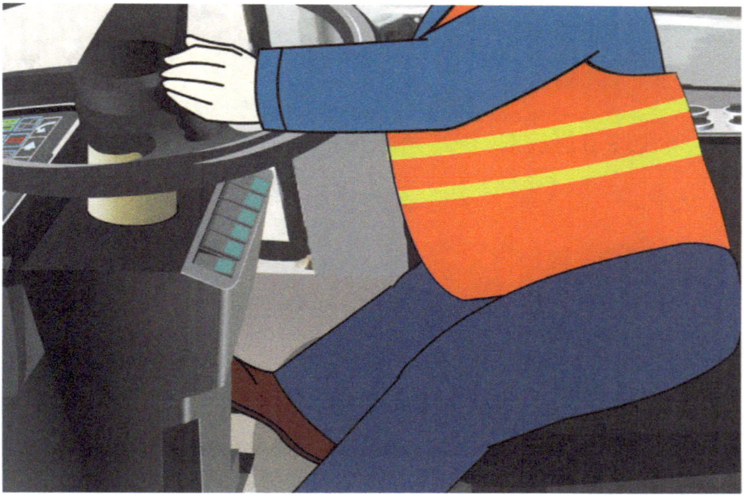

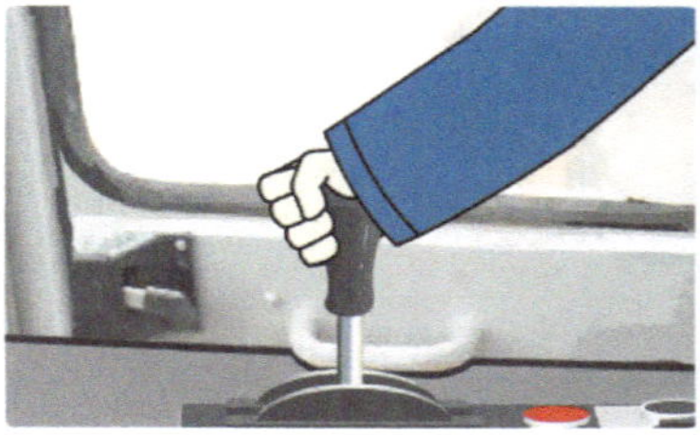

4.3.2 停放要求

压路机应停放在平坦、坚实的地面上(不得停放在边缘、斜坡和妨碍交通处),拉紧制动,设安全警示标志。

须在坡道停放时,用三角木块楔紧前后轮。

严寒季节停机时,应将滚轮用木板垫离地面,防止冻结。

4.3.3 转移要求

长距离转移压路机时，采用汽车或平板拖车应将压路机可靠固定后拖运。

吊装压路机时，应使用规定的吊点。

5 PART 压路机检修维护安全要求

5.1 日常检修、维护项目

仪表、管路、照明、制动系统、转向装置、液压装置、过滤装置等。

5.2 检修维护注意事项

(1)必须在停机状态下进行维护、检修。

(2)应注意水温、油温,防止烫伤。

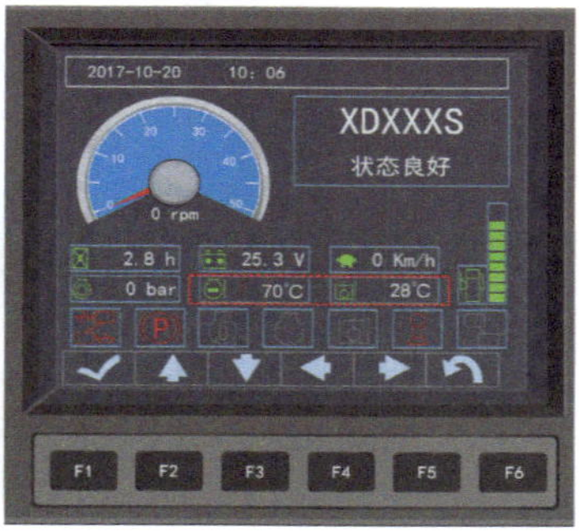

(3)检修时用木楔楔紧轮胎,防止移位或溜车。对于铰接部位及可倾斜的驾驶室检修时,打开安全装置,防止挤压及砸伤。

(4)机械修理过程中操作工须在场做好配合,不得将钥匙私自交予他人或离开现场。

(5)维护检修过程中发现机械故障或安全隐患,应 及 时上报处理。

压路机操作工安全口诀

安规常念莫侥幸

上机检查精细心

机械操作匀缓轻

碾压振动遵规定

行走过程要望清

安全距离要分明

维护检修认真做

安全装置不放过

平安生产保家兴